Angelika Kipp

Kunterbunte Hexerei

Fensterbilder aus Tonkarton

frechverlag

Von der beliebten Autorin Angelika Kipp sind im frechverlag weitere kunterbunte Bastelbücher erschienen:

TOPP 1521

TOPP 1832

TOPP 1829

TOPP 1812

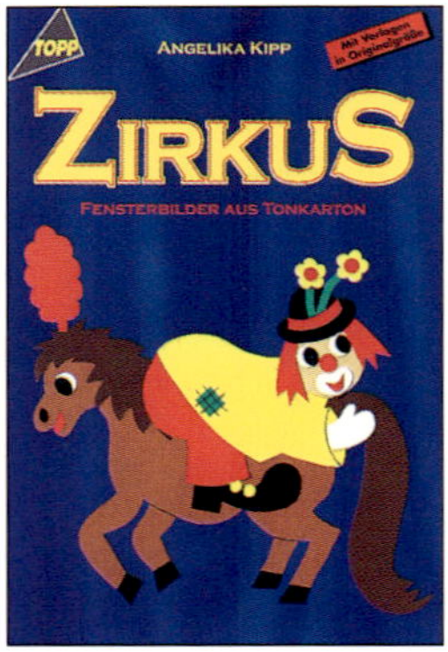

TOPP 1809

TOPP 1683

Das Motiv der Titelseite wurde aus folgenden Teilen zusammengesetzt:
Hexe (Seite 6), Katze (Seite 12) und Rabe (Seite 32).

Fotos: frechverlag GmbH + Co. Druck KG, 70499 Stuttgart; Fotostudio Ullrich & Co., Renningen
Zeichnungen: Berthold Kipp

Auflage:	5.	4.	3.	2.	1.	Letzte Zahlen
Jahr:	1999	98	97	96	95	maßgebend

ISBN 3-7724-1886-4 · Best.-Nr. 1886

Druck: frechverlag GmbH + Co. Druck KG, 70499 Stuttgart

Sie haben also bisher gemeint, daß Hexen nur auf ihren Besen durch die Lüfte schweben?

Das war früher vielleicht einmal, aber die Fensterbilder-Hexen des ausgehenden 20. Jahrhunderts haben keine Scheu mehr vor der Technik: Ob Staubsauger, Ballon, Rakete oder fliegende Buntstifte, alles, was mobil macht, ist in den heutigen Hexenkreisen gang und gäbe!

Ein Trost für traditionelle Hexen-Liebhaber, die anderen Hexen-Accessoires sind die alten geblieben: Kater und Rabe, Kristallkugel und der große Hexenkessel mit einer giftgrünen, blubbernden Flüssigkeit zeigen, daß die Hexenwelt auch heute noch in Ordnung ist!

Auf jeden Fall geht's dort ganz einfach kunterbunt und fröhlich zu, und die lustigen Fensterbilder sind beileibe keine Bastel-Hexerei!

Viel Spaß beim Basteln!

Angelika Kipp

Tips und Tricks beim Basteln

Übertragen des Motivs

Haben Sie sich für Ihre Lieblingshexe entschieden, legen Sie ein Stück Transparent- oder Butterbrotpapier auf den Vorlagenbogen. Kleben Sie es am besten mit einem kleinen Klebestreifen fest, damit es nicht verrutscht.
Zeichnen Sie dann alle Linien der Figur mit einem weichen, aber spitzen Bleistift nach. Anschließend wenden Sie das Transparentpapier und legen es auf farbigen Tonkarton. Mit einem spitzen Bleistift zeichnen Sie alle Linien derjenigen Motivteile, die in der betreffenden Farbe gearbeitet werden sollen, nochmals kräftig nach. Bei diesem Arbeitsgang wird der zuerst gezeichnete Bleistiftstrich auf den Karton übertragen. Die Vorlagen können Sie nun mühelos ausschneiden; evtl. vorhandene Bleistiftstriche entfernen Sie mit einem weichen Radiergummi.

Gestaltung des Motivs von der Vorder- und Rückseite

Ein freihängendes Fensterbild sollte von der Vorder- und der Rückseite gearbeitet werden. Hierzu benötigen Sie die meisten Teile in doppelter Ausführung.
Die Teile werden nur spiegelverkehrt, aber in der gleichen Reihenfolge wie auf der Vorderseite angeordnet.

Das Aufhängen

Es gibt verschiedene Möglichkeiten, ein Fensterbild aufzuhängen. Sie können sich zwischen dem altbewährten Faden oder einem Klebeband entscheiden.
Wenn Sie mit einem Faden arbeiten wollen, balancieren Sie das Motiv zwischen Daumen und Zeigefinger aus, bis Sie die richtige Stelle gefunden haben. Mit einer Nadel stechen Sie dann einige Millimeter vom Rand entfernt in den Tonkarton und ziehen nun den Faden durch.

Tip: Je größer Ihr Hexen-Motiv ist, um so sinnvoller ist es, Ihr Fensterbild an zwei Fäden aufzuhängen.

Auf zum Blocksberg

Noch nie bin ich so flott gewesen wie mit diesem kleinen Besen!

Montieren Sie zunächst das flotte Fluggerät: Das braune Teil klebt unter dem roten Griff. Dann zeichnen Sie die Besenhaare, die schwarzen Punkte auf dem Tuch und das Gesicht der mutigen Fliegerin auf.
Das wedelnde Tuch, das in der Tasche steckt, sowie den rechten Ärmel mit dem Flicken und den Schal fixieren Sie auf dem gelben Mantel; das rechte Bein mit dem Holzschuh, die Hand und der Kopf werden untergesetzt.
Dann gibt's von vorne noch giftgrüne Haare! Ein Ohrenschützer hilft gegen den kalten Flugwind. Und ab geht's zum Blocksberg!

Hex-hex

Siehe auch Titelseite

**Kräutertee und Malve, Minz,
werde jetzt mein kleiner Prinz!**

Die kleine Hexe und ihr Spielgefährte bekommen zunächst ihre aufgemalten Gesichter, dann folgen die Knöpfe und die Flickennähte auf der Hexenbluse.
Erst wenn die Spitze des Zauberstabes markiert ist, hat er seine Zauberkraft ...
Die Strubbelhaare der kleinen Hexe werden von vorn, der Hut wird von hinten an dem Gesicht fixiert. Fügen Sie die Hexentracht zusammen, wobei die Strümpfe unter den Rock, aber auf die roten Schuhe geklebt werden. Und ein echter Hexenrock hat auch ein paar Flicken.

Die Hände werden unter der Bluse befestigt. Dann fehlen nur noch der Zauberstab und der bärige Spielgefährte. Er bekommt nacheinander das bemalte Schnauzenteil, den Schal, die Füße und die Krone. Und die Verwandlung kann beginnen ...

Hexe Düsentrieb

Der alte Besen bleibt im Keller, so ist unsere Hexe schneller.

Die von den Besen angetriebene Rakete muß zuerst zusammengestellt werden: Alle drei Besen sitzen auf der Rakete.

Die flotte Hexe bekommt zunächst das Auge und den Mundwinkel aufgemalt. Bevor Sie die Mütze auf das Kopfteil setzen, fixieren Sie das Band mit der Schnalle. Die zerrissene Kleidung bessern Sie mit den bunten Flicken aus. Das Kopfteil (ohne Haare) sowie die Hand und der verzierte Schuh werden unter das entsprechende Kleidungsstück geklebt. Die Hose wird anschließend unter, der Ärmel auf dem flatternden Mantel positioniert. Nun braucht die Hexe noch ihren blaugrünen Umhang und die im Wind wehenden Haare.

Damit sie mit großer Geschwindigkeit durchs All sausen kann, plazieren Sie sie auf der Besenrakete. Der Countdown läuft bereits!

Hexenmusik

Beschreibung siehe Seite 10

Schiefe Töne sind der Hit
– hier spielt die kleine Hexe mit!

Restauration

Beschreibung siehe Seite 10

Komm, Du bist ein bißchen blaß,
kriegst 'nen Farbklecks auf die Nas'.

Hexenmusik

Abbildung Seite 8

Schiefe Töne sind der Hit – hier spielt die kleine Hexe mit!

Zeichnen Sie das Muster des Contrabasses auf; die Knöpfe zum Spannen der Saiten werden aufgeklebt.
Das Auge der musikalischen Hexe wird aufgemalt. Den Kopf und die Beine mit den Schuhen fixieren Sie unter dem Kleid, an dem Sie den Contrabaß mit dem dazugehörigen Besen positionieren. Die linke Hand ergreift von vorne das Instrument, die rechte, die unter den Ärmel geklebt wird, hält den Besen.
Mit den Flicken verschönern Sie das Hexenkleid, die Nähte werden aufgemalt. Nun fehlt nur noch die Strubbelfrisur!
Und schon sind die ersten schiefen Töne da!

Restauration

Abbildung Seite 9

Komm, Du bist ein bißchen blaß, kriegst 'nen Farbklecks auf die Nas'.

Der gute Mond bekommt sein Auge und den Mundwinkel aufgemalt. Da er gerade erst aufgestanden ist, hat er seine blaue Schlafmütze mit den roten Streifen und dem roten Pompon noch auf dem Kopf.
Zeichnen Sie der kecken Hexe das Auge und das Strumpfmuster auf; ebenso wird der Eimerrand aufgemalt.
Fügen Sie das moderne Fluggerät zusammen – die beiden braunen Teile kleben auf dem grünen Stift –, und hängen Sie den Eimer auf.
Fixieren Sie anschließend das linke Bein mit dem Schuh sowie den Kopf unter dem roten Mantel, der mit Flicken verziert ist. Der wärmende Schal, die Haarpracht und der linke Ärmel mit der Hand, die den Pinsel hält, werden aufgesetzt.
Plazieren Sie die Malerhexe auf ihrem Buntstift; das rechte Bein kleben Sie von hinten gegen das Fluggerät.
Nun kann der Mond im neuen Glanz erstrahlen!

Hexentrank

**Melissenkraut und Krötenbein,
Zauberkraft soll dies Gebräu verleih'n!**

Die alte Hexe bekommt zunächst ihr Auge aufgezeichnet. Der geflickte Ärmel und die Schürze werden auf dem Kleid fixiert. Die Schuhe, die Hand mit dem Kochlöffel, auf dem die Konturen aufgemalt sind, sowie der Kopf werden unter dem Kleid befestigt. Erst die ergrauten Haare, der Ohrring und das Kopftuch verleihen der Alten das richtige Hexenaussehen...

Der große Topf wird hinter das zweiteilige lodernde Feuer gesetzt. Den Rand des Topfes sowie den grünen Saft und den Stab zum Rühren positionieren Sie auf dem Topf.
Ob der Trank wohl Zauberkraft verleiht?

Zukunfts-aussichten

Beschreibung
siehe Seite 14

Grauer Kater, Kerzenschein,
was wird in der Zukunft sein?

Feierabend

Beschreibung siehe Seite 14

**So ein Sessel ist sein Geld wohl wert,
wenn man aus der Luft heimkehrt.**

Zukunfts-aussichten

Abbildung Seite 12,
siehe auch Titelseite

**Grauer Kater, Kerzenschein,
was wird in der Zukunft sein?**

Die kleine Wahrsagerin und das Kätzchen brauchen zunächst ihre Gesichter. Wenn Sie die Bluse und die Decke geflickt haben, zeichnen Sie alle gepunkteten Linien (siehe Vorlagenbogen) auf. Stellen Sie die dreiteilige Kerze und die zweiteilige Kugel auf den Tisch, das neugierige Kätzchen mit dem aufgeklebten Kopf davor.
Die Wahrsagerin bekommt ihre Haare und den wunderschönen Hut. Das fertige Kopfteil fixieren Sie auf der Bluse, die Hände darunter.
Stellen Sie die Hexe hinter den Tisch, und die Sitzung kann beginnen. Was mag die Zukunft bringen?

Feierabend

Abbildung Seite 13

**So ein Sessel ist sein Geld wohl wert,
wenn man aus der Luft heimkehrt.**

Setzen Sie zunächst die Flicken auf die löchrige Kleidung.
Zeichnen Sie dann das Gesicht der alten Hexe, das Katzenauge sowie die Flickennähte, die Fransen der Schürze und die Streifen der Socke auf.
Montieren Sie den gemütlichen Ohrensessel, und lehnen Sie den Stock daran. Die Hexe bekommt von vorne eine Knotenfrisur. Unter der Schürze werden das fertige Kopfteil sowie der Rock mit dem Bein und den Pantoffeln befestigt. Der Arm mit der untergeklebten Hand muß auf dem Oberkörper fixiert werden.
Nun kann es sich die Alte von hinten im Sessel gemütlich machen, der schwarze Kater mit dem roten Halsband setzt sich zu ihren Füßen auf den grauen Fußboden.

Moderner Flugbetrieb

Mit dem Fortschritt muß man gehen, auch eine Hexe muß das sehen!

Bauen Sie das moderne Fluggerät zusammen: Auf der gelben Grundfläche kleben die beiden grünen Teile, das rote Teil sitzt dahinter.
Zeichnen Sie das Auge der Hexe auf, und fixieren Sie die Körperteile unter dem entsprechenden Kleidungsstück. Der Ärmel mit der untergeklebten Hand, der geflickte Rock mit den aufgemalten Flickennähten und die vom Wind zerzausten Haare werden auf der Bluse fixiert.
Die dem Fortschritt nicht abgeneigte Hexe schlüpft in ihre Pantoffeln, schnürt den Gürtel um, schwingt sich auf den Staubsauger, und hui – geht's durch die Lüfte.

Ballon-fahrt

Beschreibung siehe Seite 20

**Trotz aller Technik
ist der Besen
stets dabei,
auch in den Lüften
ist man so
mobil und frei!**

Weihnachts-besorgungen

Beschreibung siehe Seite 20

Für wen wohl die Geschenke sind, hat diese Hexe denn ein Hexenkind?

Ballonfahrt

Abbildung Seite 18

**Trotz aller Technik
ist der Besen stets dabei,
auch in den Lüften
ist man so mobil und frei!**

Riesige Flicken schmücken den roten Ballon, an dem der gelbe Korb mit dem grünen Rand hängt. Der dreiteilige Besen, der unter den blauen Halterungen angebracht wird, ist nur für den Notfall gedacht.
Zeichnen Sie das Hexengesicht auf, und kleben Sie die Haare und den zweiteiligen Hut unter das Gesicht. Das rote Kleidchen bekommt einen Flicken mit den aufgemalten Nahtstellen und wird dann hinter den Korb geklebt. Die Ärmel mit den untergeklebten Händen werden anschließend fixiert. Zum Schluß befestigen Sie noch das fertige Kopfteil.
Die Spitze des Hexenhutes verbinden Sie mit dem Ballon – so erhält Ihr Fensterbild die nötige Stabilität!

Weihnachts-besorgungen

Abbildung Seite 19

**Für wen wohl die Geschenke sind,
hat diese Hexe denn ein Hexenkind?**

Bessern Sie die Kleidung mit den Flicken aus. Dann zeichnen Sie die Nähte, das Gesicht, den Zehennagel und den Schnürsenkel auf.
Setzen Sie den Schuh zusammen, wobei der „dicke Zeh" vorn herausschaut. Fixieren Sie das Bein mit dem Schuh, die Hand und das Gesicht unter den entsprechenden Kleidungsstücken.
Anschließend werden das Hosenteil und das graue Rockinnenteil unter dem roten Rock befestigt. Erst dann wird er unter der Weste, der Ärmel und das Haarteil mit dem Band werden darauf fixiert.
Die Hexe schwingt sich auf den Weihnachtsbaum und hält sich an der roten Schnur fest. Packen Sie die Geschenke auf die Besen, und die Hexen-Weihnacht kann kommen!

Betriebs-ausflug

Beschreibung siehe Seite 22

Ein Leiterbus steht schon bereit,
denn heute ist der Weg recht weit.

Betriebsausflug

Abbildung Seite 21

Ein Leiterbus steht schon bereit,
denn heute ist der Weg recht weit.

Montieren Sie die zweiteiligen Besenantriebe an dem Leitergestell. Danach bekommt jede der drei Schönheiten ihr Auge aufgemalt, die vorderste Hexe zusätzlich noch den Mundwinkel.

Die Kopftuchhexe

Die zwei Haarteile und das Gesicht werden unter dem Tuch, der Knoten wird darauf fixiert.
Die Hand und das Bein mit dem Schuh kleben Sie unter die entsprechenden Kleidungsstücke, und die Flicken mit den aufgemalten Nähten geben der Kleidung noch das letzte I-Tüpfelchen. Dann fügen Sie die Kleidungsstücke zusammen und setzen das fertige Kopfteil auf.

Die beiden anderen Hexen

Bessern Sie zunächst die Kleidung mit den Flicken aus, und malen Sie dann die Nähte sowie das Strumpfmuster der mittleren Hexe auf.
Das Bein mit dem dazugehörigen Schuh und die Hand werden jeweils unter, bzw. der Schal wird auf das entsprechende Kleidungsstück gesetzt.
Erst jetzt fügen Sie die Kleidungsstücke zusammen und ergänzen die wilden Haarmähnen mit und ohne Haarband.
Und ab geht's auf dem Leiterbesen!

Mondbesuch

Abbildung Seite 23, Vorlage des Mondes siehe Motiv Seiten 9/10

Da staunt der alte Mond doch sehr,
wo kommen diese beiden her?

Die Hexe und ihr Begleiter sowie der Mond bekommen ihr Gesicht aufgemalt. Die blaue Mütze dekorieren Sie mit roten Streifen und einem roten Pompon.
Den Hexenkopf, die Hand und die Schuhe mit dem gestreiften Socken fixieren Sie unter dem entsprechenden Kleidungsstück. Der Rock mit den Flicken wird unter die Bluse, der geflickte Ärmel darauf geklebt. Die Flickennähte malen Sie mit einem dünnen Filzstift auf.
Bevor Sie die Hexe auf den dreiteiligen Besen setzen, bekommt sie noch ihre Haare. Beim Mäuschen werden der Kopf mit den Ohren und das Füßchen unter, der Arm wird auf den Anzug geklebt.
Damit der kleine Flugbegleiter vom Zugwind keine Halsschmerzen bekommt, braucht er noch einen Schal. Und auf geht's zum Mann im Mond!

Pilzsuche

Beschreibung
siehe Seite 26

Hexe Rotschopf, laß Dir sagen,
diesen Pilz wirst Du nur schlecht vertragen!

Der Besentanz

Beschreibung siehe Seite 26

**Der Besen ist nicht nur zum Fegen,
er kann sich auch im Takt bewegen.**

Pilzsuche

Abbildung Seite 24

Hexe Rotschopf,
laß Dir sagen,
diesen Pilz wirst Du
nur schlecht vertragen!

Flicken Sie zunächst die Kleidungsstücke, und versehen Sie einige mit den Flickennähten. Ebenso wird das Gesicht aufgezeichnet.

Die Hände und die Strümpfe mit den Schuhen fixieren Sie unter den entsprechenden Kleidungsstücken. Die knallrote Haarpracht der Hexe wird unter das Gesicht geklebt.

Nacheinander befestigen Sie folgende Teile an der grauen Schürze: den Pilzstengel, die beiden Ärmel, das fertige Kopfteil und die mit ihren Punkten versehene Pilzkappe. Von hinten wird dann noch der grüne Kleidersaum mit den fertigen Beinen ergänzt.

Legen Sie zwei Pilze in das Körbchen, und geben Sie es dem Rotschopf in die linke Hand.

Ob die Hexe wohl weiß, daß der Fliegenpilz giftig ist?

Der Besentanz

Abbildung Seite 25

Der Besen ist nicht nur zum Fegen,
er kann sich auch im Takt bewegen.

Die tanzende Hexe bekommt das Auge aufgemalt, und die aufgeklebten Flicken werden mit den Nähten versehen.

Zunächst werden der Kopf, die Hand und die Strümpfe mit den Pantoffeln unter den entsprechenden Kleidungsstücken fixiert; die Strümpfe haften dabei zwischen dem roten und dem grünen Rockteil.

Der fertige Rock wird unter die Bluse, der Ärmel darauf plaziert, dann folgen die Haare und das Kopftuch samt Knoten und Flicken.

Fügen Sie die drei Besenteile zusammen, geben Sie der Hexe ihren Tanzpartner in die Hand, und stellen Sie das Paar auf die Wiese. Der Besentanz kann beginnen!

Schläfer-stündchen

Besen, halte nun ein Stündchen still, weil ich jetzt ein bißchen schlafen will.

Legen Sie das rote Kissen auf die zusammengefügte und geflickte Besenhängematte.
Befestigen Sie die Hose unter dem Pullover der müden Hexe. Der Kopf, die Hand und die blaue Socke mit dem Stiefel werden unter die entsprechenden Kleidungsstücke geklebt.
Dann bekommt die Dame ihre Haarpracht. Das Auge, die Flickennähte sowie das Katzengesicht werden aufgezeichnet.
Nun kann die Hexe es sich in der Hängematte bequem machen, wobei sie den dreiteiligen Hexenhut fest in der Hand hält.
Und oben auf dem Besen sitzt die graue Katze mit dem roten Halsband und bewacht den Hexenschlaf in luftiger Höhe!

Zwei links, zwei rechts

Es strickt die kleine Hexe Liese – zwei links, zwei rechts heißt die Devise!

Schneiden Sie die Sofaform aus, und zeichnen Sie die gepunkteten Linien (siehe Vorlagenbogen) und die schwarz markierten Stellen auf.
Dann befestigen Sie die Flicken und die grüne Decke. Die Flickennähte werden aufgemalt. Setzen Sie die Hutteile zusammen, und positionieren Sie den Hut auf dem Sofa.
Das Gesicht der kleinen Hexe wird aufgemalt, die Haare werden untergeklebt. Die Strümpfe, die zwischen den gepunkteten Pantoffelteilen sitzen, werden unter dem mit Flicken besetzten Kleid fixiert.
Die Strickbesen mit dem bereits Gestrickten und der Wolle plazieren Sie auf dem Kleid, die Ärmel mit den untergeklebten Händen folgen.
Zum Schluß wird das fertige Kopfteil aufgesetzt, und die kleine Strickliesel nimmt auf dem Sofa vor ihrem Hut Platz.

Orientexpreß

Diese Hexe lebt im Orient.
Ob man dort wohl keine Besen kennt?

Der fliegende Teppich bekommt seine umgeschlagenen Ecken aufgeklebt und die Fransen aufgemalt.
Bevor Sie der Hexe von vorne den Hut aufsetzen, zeichnen Sie das Auge auf. Den Kopf, die Hände und die Strümpfe mit den Schuhen positionieren Sie unter den entsprechenden Kleidungsteilen, die Sie anschließend zusammenfügen.
Dann fixieren Sie die in Ehren ergrauten Haare und die Flicken; die Flickennähte werden aufgemalt.
Andere Länder, andere Hexensitten ...

Zwei Freunde

Siehe auch Titelseite

Diesen großen schönen Hut findet selbst der Rabe gut.

Zeichnen Sie bei der kleinen Hexe das Gesicht, das Strumpfmuster und die Schuhbänder auf. Die Hände und die Strümpfe mit den Schuhen werden unter dem Kleid befestigt, der grüne Flicken und die Schürze mit der Tasche darauf. Die Flickennähte werden aufgemalt. Dann positionieren Sie das Kopf- und das Haarteil; der typische große Hexenhut wird von hinten gegen das Kopfteil fixiert.

Der Rabe bekommt seine aufgemalten Pupillen, den Schal, den Schnabel und die zweiteilige Mütze. Die Krallen werden von hinten gegen den Körper geklebt.

Und dann setzen sich die beiden Freunde auf den dreiteiligen Besen.